绿色星球
THE GREEN PLANET

休戚与共

[英] 丽莎·里根 文　管婧 译

科学普及出版社
·北　京·

北京市版权局著作权合同登记　图字：01-2024-3154

图书在版编目（CIP）数据

绿色星球．休戚与共 /（英）丽莎・里根文；管靖译．-- 北京：科学普及出版社，2024.7
ISBN 978-7-110-10714-0

Ⅰ．①绿… Ⅱ．①丽… ②管… Ⅲ．①植物-少儿读物 Ⅳ．① Q94-49

中国国家版本馆 CIP 数据核字（2024）第 066400 号

植物是我们所处世界的重要组成部分，为我们提供了食物、衣物、空气甚至水源。然而，为了修建道路和建筑物，人类毁掉了大片的花草树木。除此之外，我们种植的农作物也在一定程度上剥夺了其他植物的生存空间。

地球不仅是我们人类的家园，还是亿万生物赖以生存的家园，但它也有着脆弱的一面。我们必须学会与植物和谐共生，才有可能迎来一个绿色、美好且可持续的未来。

植物的组成

随便选一株你周围的植物观察一下。无论是在家中还是野外，你都会发现，树木都由叶子、茎或树干，以及隐藏在地下的根组成。很多植物还会在每年的特定时间开花。

根系使植物保持稳固，并从土壤中汲取养分和水。养分和水通过茎向上输送，为整株植物提供营养。有些植物的茎很细，微风一吹就会弯曲；有些植物的茎则长成了粗壮、结实的树干。

世界上有成千上万种会开花的植物。花朵有花瓣，花瓣的本质是一种特殊的叶子，以多彩的颜色吸引其他生物。

叶子吸收阳光，使植物得以进行光合作用（请参阅第 9 页）。

为了繁殖，花会产生花粉——微小的、类似灰尘的颗粒。大多数植物的花粉需要被转移到另一朵花上，才能完成传粉。传粉者包括鸟类、蝙蝠，以及蜜蜂、蝴蝶等昆虫。

花有雄蕊，即产生花粉的结构，也有以心皮为单位组成的雌蕊。

雌蕊由柱头、花柱和子房组成。

雄蕊包括产生花粉的花药，以及细长的花丝。

新的生命

和所有生物一样，植物的终极目标是生存和繁殖后代。要想达成这一目标，一株植物必须经历生长、传粉、把种子传播出去等一系列过程，才有可能繁殖出新一代的植物。

传粉者会被植物的花色、气味或者美味的花蜜所吸引。当传粉者活动的时候，花粉会粘在它们的身上，被它们从一朵花带到另一朵花。人类的干预使很多传粉者面临着生存危机，由于栖息地的丧失和杀虫剂的滥用，它们正在逐渐走向灭绝。如果没有传粉者，我们的很多粮食作物都会受到影响。

有些植物通过自我复制来进行繁殖。比如这株草莓，它有匍匐茎，这种茎能够生根并长成新的植株。

盛开的繁花终会凋谢，取而代之的将是像樱桃、李子、苹果、梨这样的果实。

很多植物会将它们的种子包裹在果实里。这些植物耗费巨大的能量来产出甜美多汁的浆果或坚硬美味的坚果，吸引动物前来食用。若果实被吃掉，其中的种子就可能被带到远离母体植物的一片新天地，并在那里生存下去。

橡子是栎树的果实，或者指果实里的种子。橡子和其他坚果经常被松鼠当作食物收集，因而被带到各处，埋在地下。

生命周期

一颗种子中含有决定新植株如何生长的遗传信息，它需要在合适的地方落脚，等到温度适宜、水源充足时，它就有可能扎根生长，发出小小的新芽。

新芽会长成茎，长出叶子，然后继续生长。也许它还要长一年，也许还要长几十年，直到成熟，它就会繁殖并产生自己的后代。种子可以存活很久，数年后仍能够发芽。一些科研机构收藏、储存种子，为的是保存一些可能即将灭绝的稀有或受威胁物种。

来自 190 个国家的大约 20 亿颗种子被装在密封的罐子里，保存在英国邱园的种子库。

种子的形状和大小多种多样：小到猕猴桃的小籽或橙子的籽，大到鳄梨（牛油果）的巨大果核或腰果的果仁。

植物通过光合作用来为自己制造“食物”。植物的叶子吸收阳光作为能量，将二氧化碳和水转化为氧气和葡萄糖。

令人期待的是，美国一些高校正在研究如何人工模拟光合作用的过程，从而只用水和阳光生产氢燃料。寻找新能源是人类所面临的一大问题，人工模拟光合作用也许是一种解决方案。

人类世界

我们身边到处都是植物，没有它们，我们就无法生存。我们知道保护森林的重要性，知道我们的植被中储存了多少碳，也知道树木对于大气和地球上的所有生命来说都至关重要。但有时，我们几乎忽视了它们的存在。

在测试中，人们更容易记住和描述他们最近看到的动物，但却很难回想起他们所看到的植物，这种现象叫“植物盲”。这可能会为环保工作带来困难，因为人们会更多地关注那些可爱的、讨人欢心的动物，对于绿色植物则关注不足。

大树生长在雨林中，鲜花盛开在花园里，这都是我们很容易想象到的寻常画面。但植物其实非常顽强，它们还可能在我们意想不到的地方生长，比如墙壁上、排水沟里、人行道的裂缝中……生长在这些地方的植物被称为野草，然而它们恰恰是植物寻求生存与繁荣的绝佳例证。

这棵榕树成功地在香港的一堵石墙上扎根、生长。

它的种子数十年前落在了这里。尽管周围都是坚硬的石头，但这棵树还是成功地将它柔韧的根系伸展到了这片广阔的区域，紧贴着墙壁，在石头间的缝隙中生长。

和谐共生

人类以多种多样的方式利用着植物的力量。在印度，榕树强韧的根系形成了一座跨越山谷的植物大桥，为人类提供了一种特别的帮助。

这里是印度梅加拉亚邦，是世界上最潮湿的地方之一。每到雨季，雨水冲刷河道，形成汹涌的洪水，安全渡河的唯一方法就是建桥。

当地的卡西族人有一种巧妙的建桥方法：他们种植榕树，并将它们新生的气生根置入竹筒中，跨过水面，为后面的根提供支架。

榕树的根迅速生长，一天能长多达 2.5 厘米，最终会到达河对岸。

随着时间的推移，这些树根逐渐缠绕、绞合在一起，形成了一座连通河流两岸的生态之桥。“树根桥”坚固而稳定，与自然和依赖它过河的人们和谐共生。

扫码看视频

“树根桥”的跨度可以超过50米，这些桥梁能够维持数百年。

树根还会沿着山谷的峭壁生长成天然的梯子。

在雨季，梅加拉亚邦一天的降雨量可达近 300 毫米。如果没有这些“树根桥”，在河流水位下降之前，当地的族群都将处于与外界隔绝的状态。

扫码看视频

一座木桥的使用寿命远远不及这样具有生命的“树根桥”。木桥会面临腐烂的危险，而树却会不断生长，使整座桥变得越来越坚固。

农业

人类与植物最密切的关系体现在农业活动中，我们在合适的地方种植所需的作物，并从中受益。农耕始于大约一万二千年前，可以说从那时起，人类便已经掌控了植物。

农作物有多种多样的用途，它们为我们提供了食物、衣料、燃料以及建筑材料。多年来，为了更好实现这些用途，人们精选出了最合适的植物。我们选择种植那些可以结出最大、最美味的果实的植物，或是那些抗寒、抗虫害能力更好的植物。

植物开花是为了吸引传粉者，但许多开花植物也受到了人类的青睐，并被大量种植。

为了帮助作物生长，我们消灭害虫、清除杂草。我们投入大量金钱、付出巨大的环境代价，为的是培育这些作物，为它们施肥、浇水，提供保护。我们驯服并改变了植物，让它们成为我们想要的作物。然而，在很多情况下，如果没有人类的干预，我们培育的作物甚至无法生存。

曾经，一个农民只会种植够养活自己一家的作物。但随着农业技术的进步，现在的农田可以产出过去的十倍、百倍乃至千倍的作物。

我们吃的蔬菜、水果来自植物的不同部位，它们包括：果实，如苹果和樱桃；根，如胡萝卜；茎，如芦笋；种子，如甜玉米；叶，如卷心菜；地下茎，如洋葱和土豆；甚至还有花，如西蓝花。

在温室里，农民可以种出反季节的蔬果。

通过人工杂交培育出的改良向日葵能结出易于收获的种子，供人类使用。

人工培育的向日葵长得又高又快，能结出很多种子。人们种植它主要是为了用其种子作动物饲料和榨取食用油。现在，这种人工培育的向日葵数量远远超过野生向日葵。

绿色入侵

人类的干预有时可能是有益的，但往往也会带来意想不到的灾难。在夏威夷存在着一种微妙的平衡，岛屿上生长着许多植物，其中 90% 是世界上绝无仅有的本土植物，而它们正遭受着入侵者的威胁。

这个入侵者就是绢木。人们将这种植物从墨西哥带到了夏威夷，以供观赏。在原产地，绢木受到植食性动物、病害和其他植物的制约。然而，来到夏威夷，它就像一个小霸王，长得比其他植物都要高大，强行冲出林冠层，让其他植物只能生活在它的阴影里。

绢木的根系长在浅层土壤中，能够大范围地扩张，摄取水分，令其他植物无法得到足够的水分。

单株的绢木可以被除草剂彩弹球杀死。

一株绢木每年能产生多达1 000万颗种子。它们迅速蔓延扩散，压制其他植物，对当地生态造成严重破坏。为了维持生态平衡，人们必须一次又一次采取措施，进行干预。

环保人士组队在岛上巡查，一旦发现绢木就将它们连根拔起。这种植物大都生长在人们无法步行到达的陡坡、沟壑及悬崖峭壁上。科学家不得不想出新的方法来清除这些入侵植物——通过向空气中喷洒除草剂来对付它们。

扫码看视频

这里是夏威夷群岛的第二大岛——毛伊岛，岛上的生态系统正受到外来物种绢木的威胁。

扫码看视频

很多绢木生长在人们很难到达的地方，为了清除它们，环保人士会驾驶直升机在岛上飞行，用装有除草剂彩弹球的彩弹枪将那些植物一株一株地射杀。

人类援助

夏威夷还面临着其他问题。这里有全球最稀有的植物之一——刺毛樱莲，其成年个体在全世界仅存 57 株。

刺毛樱莲依靠一种夏威夷独有的鸟类——镰嘴管舌鸟来传粉，这种鸟的喙能与刺毛樱莲的花朵完美匹配。

然而，镰嘴管舌鸟本身就日渐稀少，因此刺毛樱莲的传粉也愈发困难。

扫码看视频

在这种情况下，人类的介入发挥了作用。一位救助者耐心地找到了这 57 株刺毛樱莲，并年复一年地亲自为它们授粉。他从花朵的雄蕊上提取花粉，再刷到另一棵植株的花的雌蕊上。
这位救助者——汉克·奥本海默可谓是刺毛樱莲的“媒人”。他不仅亲手传递花粉，还会播放镰嘴管舌鸟的鸟鸣声，将那些自然传粉者吸引到刺毛樱莲所在的位置。

城市生活

植物要为自己在阳光下找到立足之地，并不是一件容易的事情。无处扎根的城镇似乎就不适合植物生存，然而一些顽强的植物还是能在现代都市的混凝土丛林中找到生路。

广泛散播种子是植物的一种生存策略。很多种子会落在混凝土上，一些则在车辆行人的来往中被踩踏或碾压，还有一些终结在了下水道或其他暗无天日的地方。但只要有一颗种子找到了一个小小的立足点，它就有可能生根发芽，茁壮成长。

为了提高繁殖和存活的机会，苦苣菜结出数千颗种子，这些种子能够传播数百千米。每颗种子都有一个由细毛组成的“降落伞”，只要有一点点微风就能被带到空中。

苦苣菜(左图)看起来与蒲公英相似，但苦苣菜每根茎上都会开出几朵花，而且整根茎上都有叶子。而蒲公英(右图)一根茎上只有一朵花，且叶子都集中在茎的底部。

这种植物叫作蔓柳穿鱼，即使没有土壤，它也能生长。在垂直的墙面上生长对于像它这样坚韧且适应力强的植物来说也并非难事。蔓柳穿鱼向着太阳开花，温暖的阳光和它的花瓣会吸引传粉昆虫前来传粉。

而一旦受粉成功，蔓柳穿鱼就会改变策略。它蜿蜒的花茎卷须在墙面上寻找裂缝，以便寻得一处黑暗的地方让种子发芽。

每一次有种子生根发芽，都会给墙面上的这张绿网添上一笔，年复一年，绿网的覆盖面不断扩大。

水稻是一种重要的谷物，世界上许多地方都有种植。全世界超过 90% 的水稻产自亚洲，其中一些种植在像这样的水浸梯田里。

农场作物

现代谷类作物是由野生谷物经人工培育而成的。谷物属于禾本科，其干燥、含淀粉的种子是人类和动物的主要食物来源。

常见的谷物包括燕麦、大麦、黑麦、小麦、玉米和水稻，它们的秆长而柔韧，种子长在秆的顶端。

早期的农民依靠人力进行播种和收割，他们会把种子撒在预先翻整好的土地上，等到作物成熟后，再用镰刀或连枷之类的工具收割和脱粒。

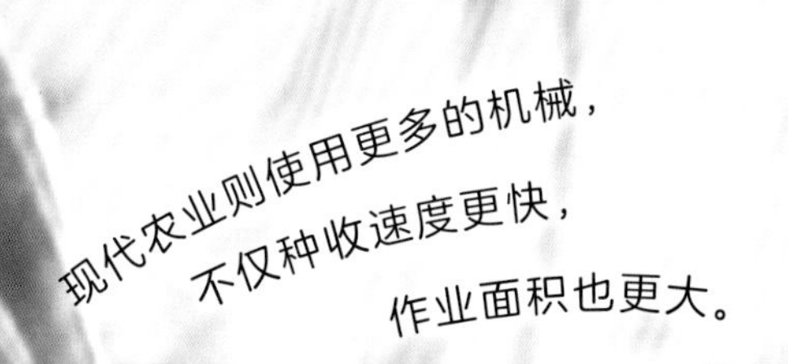

规模较小的农场仍然会依靠人力来种植和收集作物。

扫码看视频

这是野燕麦，一种可以自己播种自己的植物！它的种子被包裹在一个带刺的外壳里，外壳上长着两根长长的芒，好似两条“腿”。这两根芒扭来扭去，可以带动外壳在地面上移动，就像是在走路。只要在地面上找到一个裂缝，它就能钻进去生长。

人为因素

人类不仅种植谷物为食，为了口感和营养，还选择了其他很多植物进行培育种植。

你可能觉得自己吃的水果和蔬菜品种已经数不胜数了，但实际上，在人类可食用的所有植物中，我们仅仅选择了冰山一角。据科学家估计，世界上有 20 万到 30 万种植物是可食用的，而人类仅仅种植了大约 200 种作为食物，并且很多人会只吃其中的二三十种。

一些最常见的食用植物是因为容易传粉而被我们选中的，如谷物，它们依赖风来传粉。还有一些植物是依赖昆虫传粉，但它们的花朵可以吸引很多常见的昆虫，而不是像某些其他植物那样，只吸引特定的传粉者。

还有很多作物并不依靠传粉来繁殖，比如番薯和木薯（上图）。它们可以进行无性繁殖，利用自身的一部分茎或根来产生新的植株。

某些植物之所以被人类选择进行培育，是因为它们具有多种用途，即一种作物不仅可以提供食物，还可以提供其他材料。

地球上大约有一半的可用土地被农田覆盖。

遭受攻击

我们从事的农业活动越多，对于自然界的影响就越大。我们消灭不想要的植物，以我们想要的植物取而代之。这种做法也有其危险之处。

加拿大种植了数百万棵扭叶松，它们会被砍伐，用作木材。

这些扭叶松就属于人为的“单一栽培植物”，它们都是同一物种，树龄相近，体型相仿。

但问题在于，单一栽培植物很容易受到病虫害、温度或降雨量的微小变化带来的影响。

扭叶松的天敌是黑山大小蠹。成年的雌性黑山大小蠹会把卵产在树干里，一只雌性就可以在树皮之下挖出多条隧道，并产下约 100 个卵。

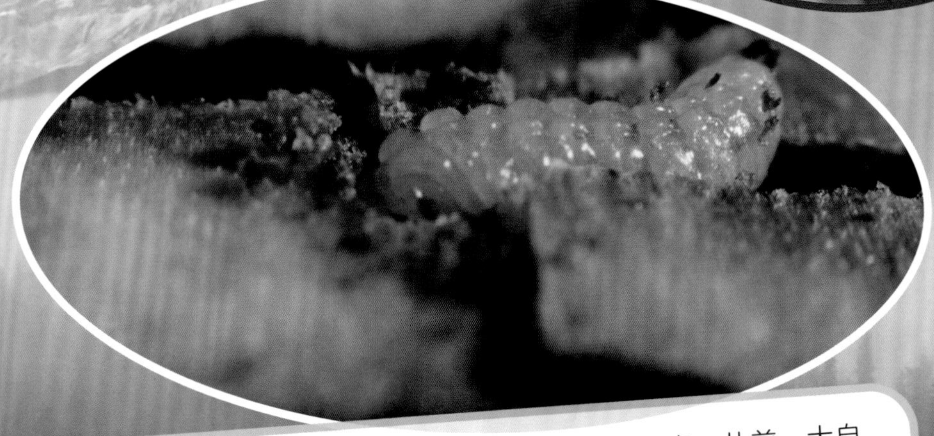

大量幼虫被孵化后，它们会对树木造成损害。从前，大自然保持着这样一种平衡：只有少量的幼虫能在严冬中存活下来，这样一来，树木也得以存活。

然而，气候变化使得黑山大小蠹逐渐占据上风。看到那些红色的针叶了吗？这是一种病态的表现，意味着这些扭叶松正在走向死亡。

在过去的半个世纪里，已经有数万亿棵树消亡。

扫码看视频

在美国加利福尼亚州的中央谷地，我们能看到单一栽培的一个典型例子——这片4 000多平方千米的土地上种植着同一种树木。

这些是扁桃树，数量大约有 1.4 亿棵。这里有 6 500 个扁桃树农场，全球约 80% 的扁桃仁产自这里。

引蜂来

这样单一栽培的代价非常大，几乎牺牲了该地区所有其他动植物。为了给扁桃树农场腾出空间，一些野生物种被清除，这无疑带来了一系列的问题。

扁桃树种植者选择美国的这一地区，是因为这里有着优越的自然条件：这里阳光充沛，气候温暖，并且附近山区的融雪可以提供天然的水源。为了清除野生物种而大量使用杀虫剂，这导致了天然传粉昆虫的死亡。

即使本地的蜜蜂仍然存在，如此众多的扁桃树也是个问题。这里盛开的花朵数以万亿计，仅靠本地的蜜蜂根本无法完成传粉。

因此，种植扁桃树的农民不得不寻找解决方案，他们开始从美国其他各地引进蜜蜂。

二月，当扁桃树开花时，400 亿只蜜蜂被带到这里。

一些农民还在他们的扁桃树园里种植了其他种类的植物，比如芥菜和三叶草，来为蜜蜂提供其他食物来源。这在一定程度上解决了扁桃树花期短暂的问题，并为蜜蜂提供更均衡和健康的饮食。

扁桃树的花期只有两周，每朵花都需要完成授粉才能结出扁桃仁。

播撒种子球

肯尼亚的干旱地区曾经是金合欢树的家园，但现在，它们中有很多已经被砍伐用作燃料。这就导致了一个恶性循环：随着树木的减少，雨水也会减少，而土地也会变得更加干燥。

这些树被烧制成木炭，当地人用它们生火煮饭和取暖。

一些组织已经开始采用一种新颖而有效的方式重新种植树木，他们将当地树木的种子藏在废弃的炭灰球里。

扫码看视频

随后，这些木炭制成的“种子球”就可以被精确地投放到那些需要它们的地方——有些是用滑翔机或直升机空投，还有一些是从汽车上扔出去的，或者由野生动物管理员在巡逻时播撒。
当地学校的学生们也参与其中，他们通过一些趣味活动来大范围地播撒种子球。
学生在进行弹弓比赛，既收获乐趣，又能帮助播撒种子球。
以种子球的形式来播种比直接散播种子更有效，因为种子可能很快就会被鸟类或其他生物吃掉。
炭球的黑色外壳保护着种子，在降雨时溶解，释放出养分，帮助种子发芽和生长。

这一地区的森林覆盖率曾经达到 50%，但如今已被砍伐至仅剩 0.5%。

植物救援

地球上曾经最绿意盎然、最珍贵的一些地区如今已不复存在，而它们消失的原因是一种特定的农业活动：养牛。为了提供牧牛的土地，世界上有大片的热带雨林被砍伐。

巴西就有这样一个地方，在 1994 年就已经被破坏到了看似无法修复的程度。那里的树木被砍伐，河流被污染，天然的泉水也干涸枯竭了。幸运的是，这片土地的新主人想要修复它的生态系统。

首先，他们必须完全清除这片土地上的入侵植物。随后，他们从残存的几处雨林中收集了一些本地的种子，对它们进行培育，以取代先前那些入侵植物。一段时间之后，大自然也开始了自我修复。

超过 200 种植物被栽种在这里，它们的花朵引来了各种传粉者。

树木将水分释放到大气中，形成云。小树在生长的过程中迎来了降雨，雨水从树叶上滴落下来，一直流到地面上，树根锁住了水分，不让它流失。终于，泉水再次涌现了。

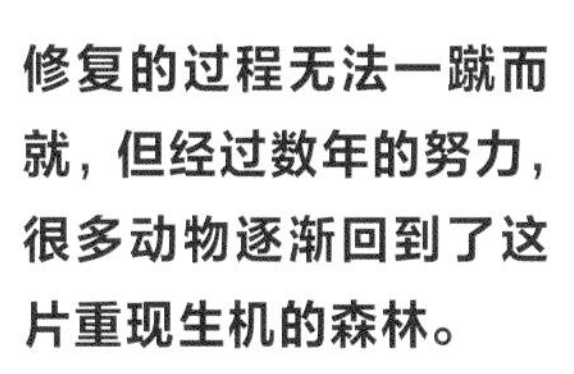

修复的过程无法一蹴而就，但经过数年的努力，很多动物逐渐回到了这片重现生机的森林。

生存危机

看着眼前的世界，我们不由得为它感到担忧。气候正在发生变化，人类已经极大地改变了自然景观，整个生态系统都受到了威胁。未来究竟会怎样？

毫无疑问，我们的绿色星球正陷入困境之中。目前五分之二的植物正面临灭绝的危险，而在过去的四分之一个世纪里，已经有近 600 种植物灭绝。农业活动产生了巨大的影响，破坏了天然林地，造成了单一栽培，消灭了传粉昆虫……我们必须吸取教训，做出改变，刻不容缓。

一切还为时不晚。只要有合适的条件，植物就能够绝地重生，从非洲的种子球，到南美洲的退牧还林，许许多多的项目中都可以看到这一点。许多原本已经失去生机的地方正重新变得绿意盎然。

植物的存在是地球上所有其他生物生存的关键，不仅仅是人类，但唯有人类能够阻止对于自然的大规模破坏。在科学家的指导和普通人的参与下，我们仍有机会扭转局面。

我们不能坐以待毙。如果我们希望这个世界仍有美好的未来，就必须立刻采取行动。

巴西森林恢复项目的成功（请参阅第45页）引发了连锁反应。在该项目基础上，人们设立了一个名为“土地研究所”（Instituto Terra）的非营利组织，帮助更多的人恢复和保护他们的土地。

Picture credits
Front cover: tbc
45br, 47 Copyright Leonardo Merçon, BBC Studios;
6t, **8cl**, **12–13**, **15tr**, **16–17**, **20–21**, **23cr**, **26tr**, **27cr**, **27br**, **32–33**, **33br**, **37b**, **38–39**, **40tr**, **41bl**, **42l**, **43tl**, **43cr**, **45cr**, **45bl**
Copyright BBC Studios;
All other images copyright © BBC, 2022
with the exception of the following images which are courtesy of Shutterstock.com:

3tl Nickolai Repnitski; 3b Ttstudio; 4l Mr Twister; 4r Ailisa; 5t LedyX;
5b Viliam.M; 6b COULANGES; 7t asharkyu; 7bl Dionisvera; 7br Olga_V;
8tr Mister-john; 8bl thanin kliangsa-ard; 8br JIANG HONGYAN; 8br Roman Samokhin; 8br Valentyn Volkov; 8br fotoearl; 8br Anna Kucherova;
9 AlinaMD; 10 Danita Delimont; 11tr Daykiney; 11cl hallojulie; 18t Steve Photography; 19br Sergey Bezverkhy; 26bl Thomas Chlebecek; 28bl Lartos_82; 28br White_Fox; 30–31 Travel mania; 32tl Ruslan Semichev;
32br subin-ch; 33tr Aleksandr Rybalko; 33cl Steve Allen; 34t Tatiana Diuvbanova; 34b Roman Babakin; 35b Aebi Shelley; 35tr Kiki vera yasmina; 35cl chinahbzyg; 42–43 Buno Woche; 44t Frontpage; 46tr Carlos Amarillo; 46b Kelvin H. Haboski